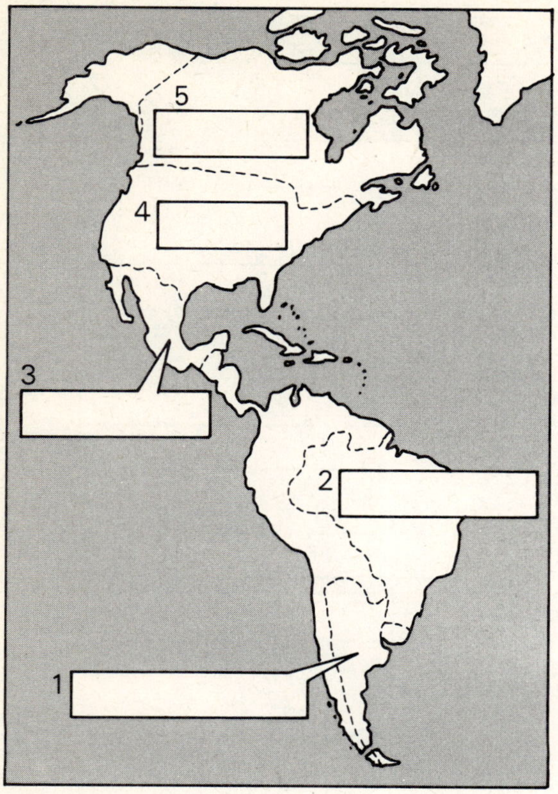

Die Neue Welt

Die Größe des Doppelkontinents Amerika

Nordamerika	24 000 000 km²
Südamerika	18 000 000 km²

zum Vergleich:

Europa	10 000 000 km²
Landfläche der Erde	149 000 000 km²

Die größten Staaten (gerundete Zahlen):

Kanada	10 000 000 km²
USA	9 400 000 km²
Brasilien	8 500 000 km²
Argentinien	2 800 000 km²
Mexiko	2 000 000 km²

1 a) Trage die Namen der Staaten in die Karte ein.

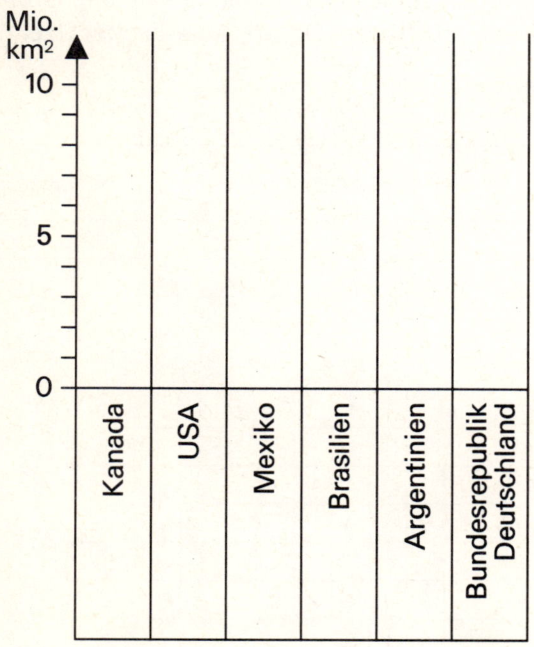

b) Stelle mit Hilfe von Säulen die Größe der Kontinente und die Größe der Staaten dar.

c) Vergleiche Kanada mit Europa und Brasilien mit Südamerika. Wievielmal ist Kanada größer als die Bundesrepublik?

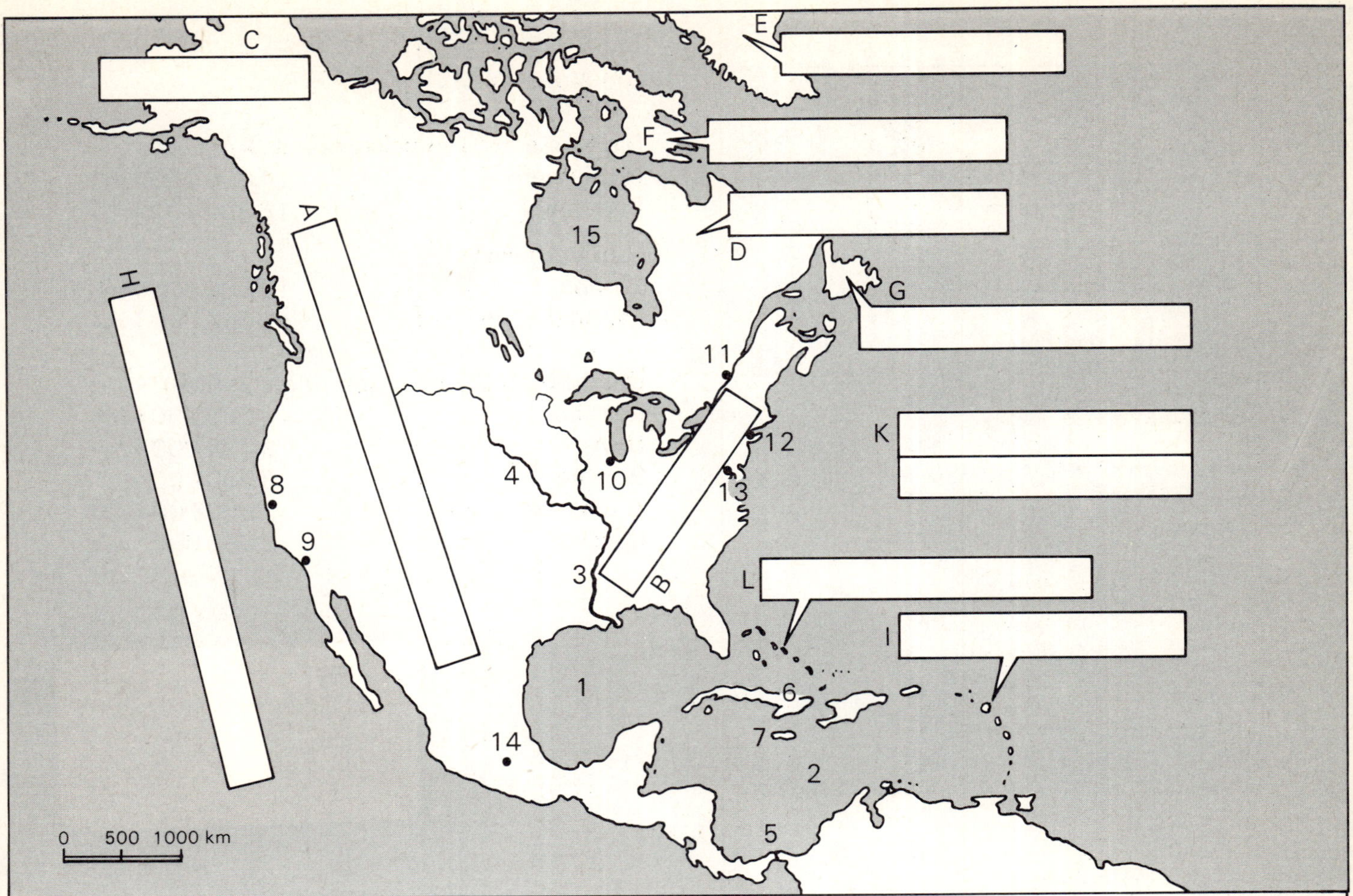

Nord- und Mittelamerika: Nordamerika im Überblick

2 a) Setze in die Kästchen A–L die Namen: Neufundland, Appalachen, Alaska, Kleine Antillen, Grönland, Bahama-Inseln, Labrador, Rocky Mountains, Baffininsel, Pazifischer Ozean, Atlantischer Ozean.

b) Schreibe hier auf, was die Zahlen in der Karte bedeuten.

1 ______	6 ______	11 ______
2 ______	7 ______	12 ______
3 ______	8 ______	13 ______
4 ______	9 ______	14 ______
5 ______	10 ______	15 ______

3 Nordamerika-Rätsel

1 Staat im Norden Nordamerikas
2 Längster Fluß Nordamerikas
3 Größte Antilleninsel
4 Hauptstadt der USA
5 Gebirge im Osten Nordamerikas
6 Halbinsel im Nordosten Nordamerikas
7 Insel im Nordosten Nordamerikas
8 Hafenstadt am Pazifischen Ozean
9 Größte Stadt Kanadas
10 Größte Stadt in den USA
11 Halbinsel im Nordwesten Nordamerikas
12 Halbinsel im Südosten Nordamerikas
13 Insel im Nordosten der USA

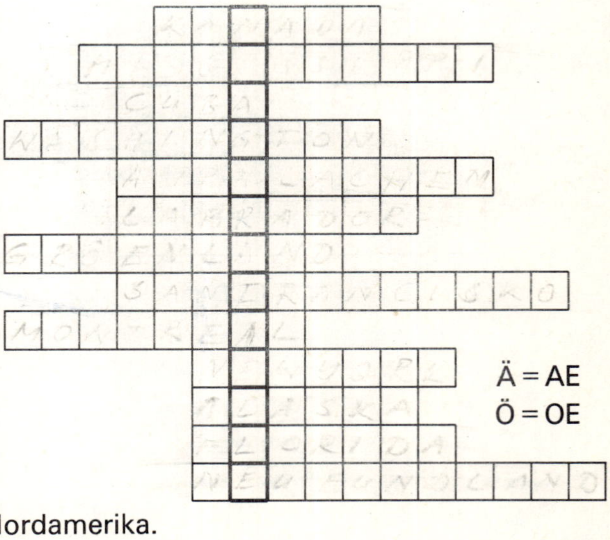

Ä = AE
Ö = OE

Das Lösungswort nennt eine Sehenswürdigkeit in Nordamerika.

Seen und Flüsse

Seen in Nordamerika

	Fläche in km²
A Oberer See	83 300
B Huronsee	59 500
C Michigansee	58 100
D Eriesee	25 400
E Ontariosee	18 800
Große Seen zusammen:	245 100
F Großer Bärensee	31 100
G Großer Sklavensee	28 900
H Winnipegsee	23 600

Zum Vergleich:

Bodensee	539
Bundesrepublik Deutschland	250 000
Bayern	70 500
Niedersachsen	47 400
Baden-Württemberg	35 800
Nordrhein-Westfalen	34 100
Schleswig-Holstein	15 700

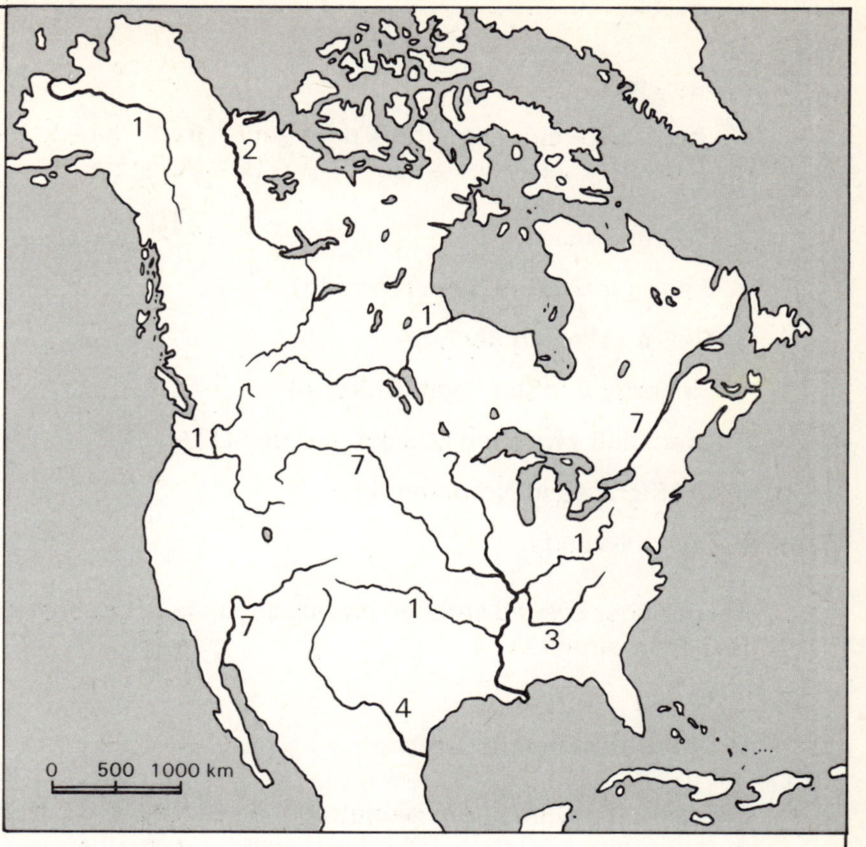

4 a) Vergleiche die Seen mit dem Bodensee und den Bundesländern.

b) Trage die Buchstaben A–H, die vor den Namen der Seen stehen, in die Karte ein.

5 In der Tabelle fehlen noch die Namen der Flüsse. Versuche sie herauszufinden. In der Karte oben steht bei jedem Fluß, den wievielten Buchstaben du in das Kästchen eintragen mußt. Wenn du alles richtig gelöst hast, ergeben die Buchstaben in den Kästchen den Namen einer der größten Sehenswürdigkeiten der USA, geschaffen von einem der Flüsse.

Quelle/Entstehung	Mündung	Fluß	↓
Rocky Mountains	Golf von Mexiko		
Rocky Mountains	Mississippi (bei St. Louis)		
Rocky Mountains	Mississippi (südl. Memphis)		
Appalachen	Ohio		
Rocky Mountains	Kalifornischer Golf		
Rocky Mountains	Pazifischer Ozean		
Rocky Mountains	Nordpolarmeer		
Ontariosee	St.-Lorenz-Golf		
Rocky Mountains	Beringmeer		
Appalachen	Mississippi		
Winnipegsee	Hudson-Bai		

6 Silbenrätsel

a – bas – be – chi – co – de – do – gan – gran – ka – ken – lo – mac – mi – o – o – o – on – ra – rer – ri – ri – see – see – see – see – ta – tha – zie

1 Fluß in Kanada ______________________

2 Einer der Großen Seen (Toronto) ______________________

3 Fluß im Westen der USA ______________________

4 Einer der Großen Seen (Chicago) ______________________

5 Grenzfluß zwischen Mexiko und den USA ______________________

6 Größter See in Nordamerika ______________________

7 See in Kanada ______________________

Bei richtiger Lösung ergeben jeweils die sechsten Buchstaben den Namen der berühmten Wasserfälle Nordamerikas.

Nordamerikanische Städte

7 Schreibe die Namen der eingetragenen Städte in die Karte. Übertrage die Buchstaben aus den numerierten Kästchen. Die Lösungswörter nennen ein berühmtes Bauwerk einer Stadt in Kalifornien.

1	2	3	4	5	6

7	8	9	10

11	12	13	14	15	16

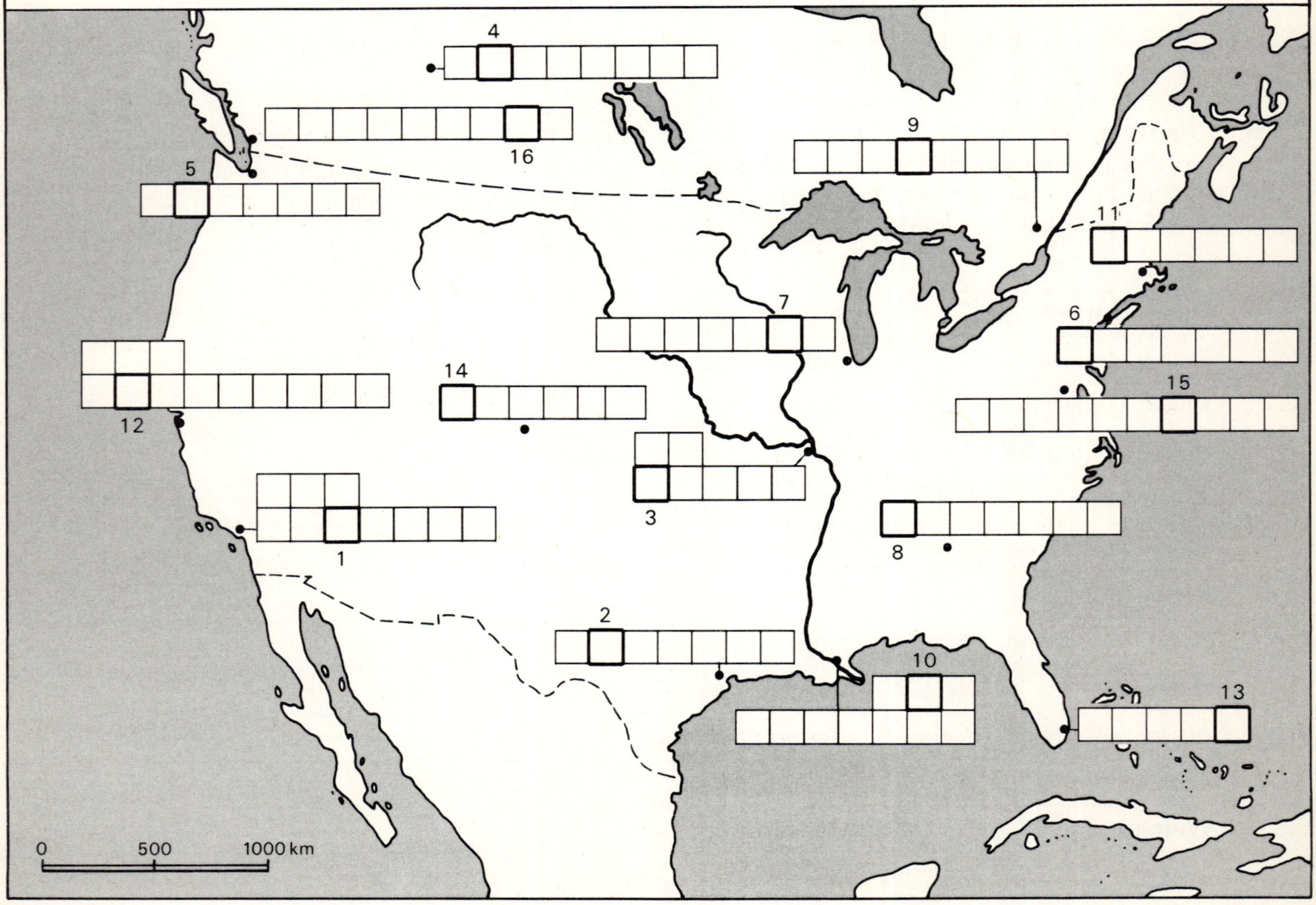

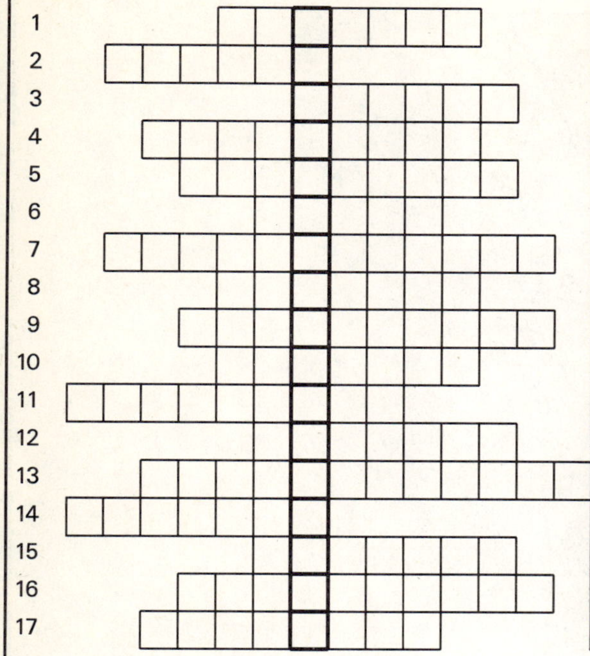

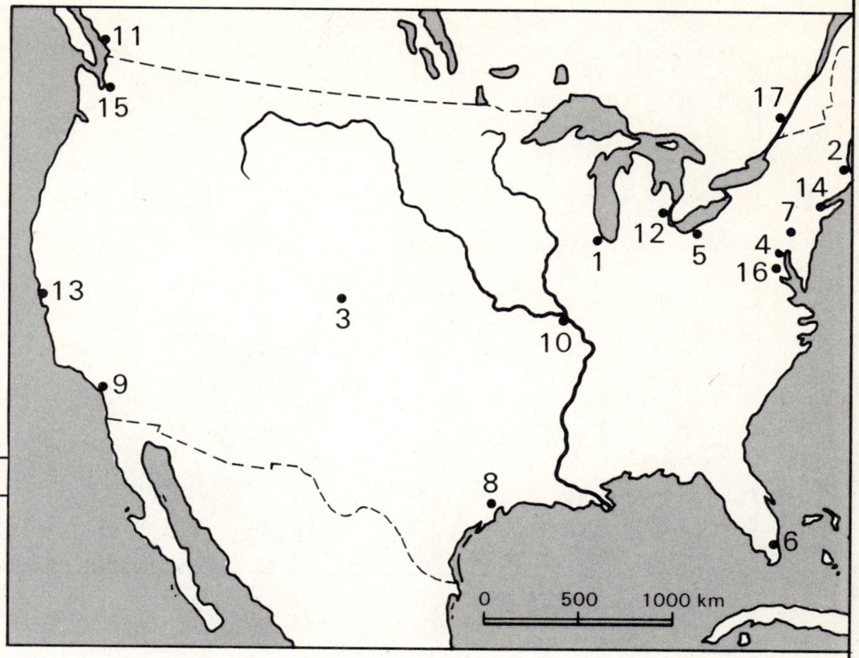

8 Trage die Städtenamen der Karte in das Rätsel ein.
Als Lösungswort ergibt sich ein Problem der Großstädte Nordamerikas.

9 Hier nennen die beiden Lösungswörter einen Stadtteil und eine brühmte Straße von New York.

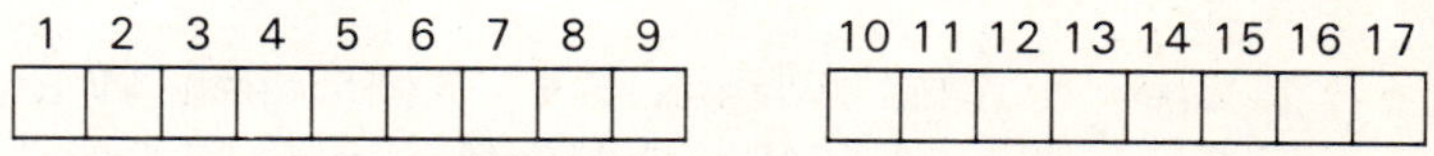

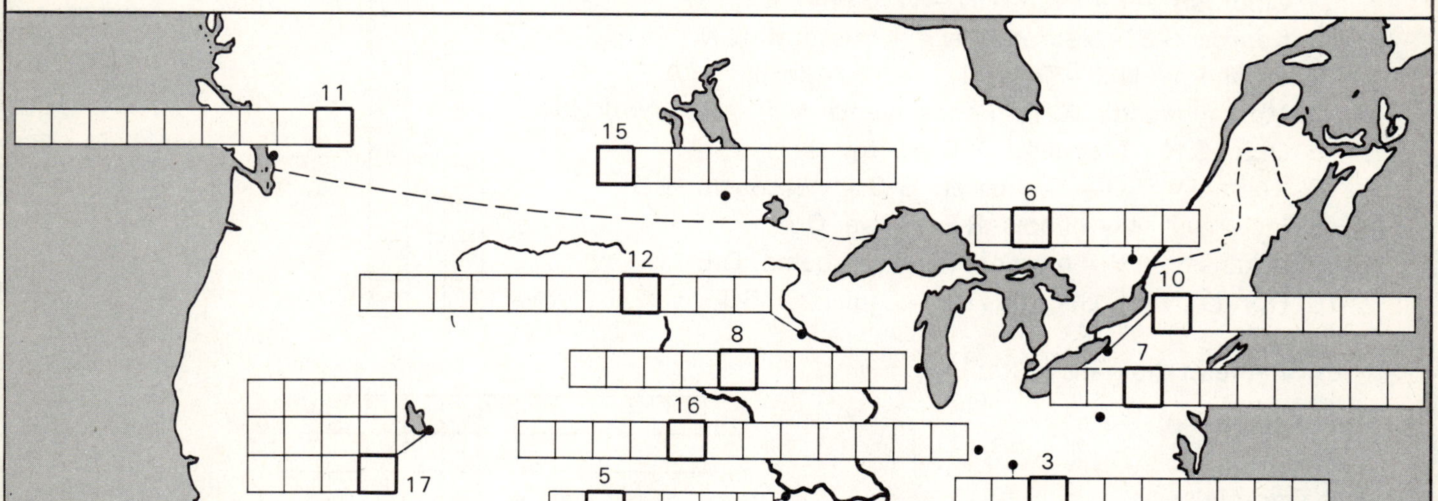

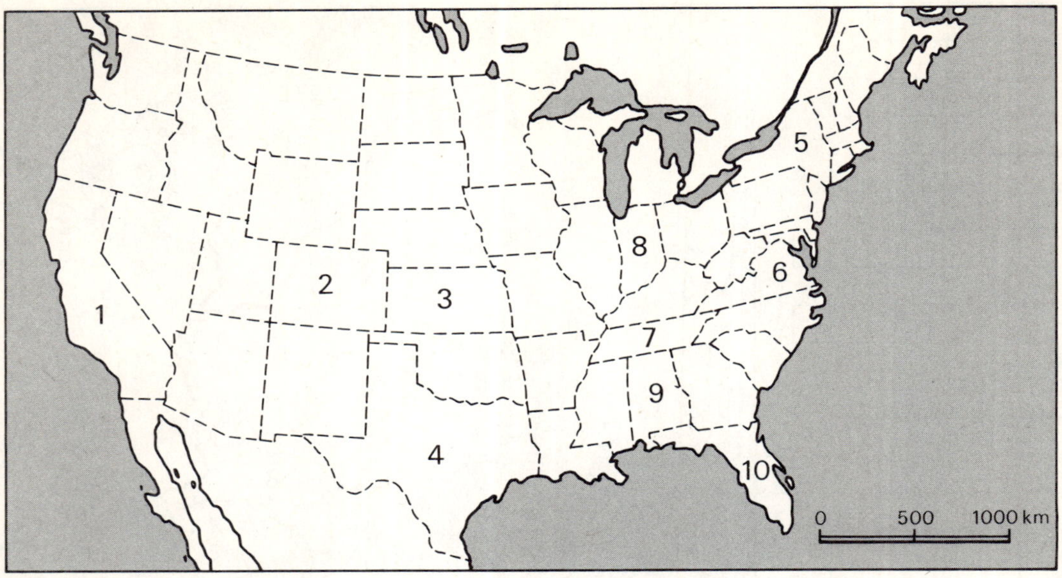

Die Bundesstaaten der USA

10 a) Die Vereinigten Staaten von Amerika bestehen aus 50 Bundesstaaten. Im folgenden werden zu jedem in der Karte numerierten Staat drei Namen angeboten, von denen aber nur einer richtig ist. Schreibe die Buchstaben, die bei dem richtigen Namen stehen, in die Kästchen. Wenn du es richtig gemacht hast, kannst du die Namen von zwei berühmten Präsidenten der USA lesen.

1 Oregon R E – Arizona S E – Kalifornien W E
2 Colorado A I – Utah T N – Wyoming E S
3 Kansas S S – Nebraska N A – Missouri N N
4 Oklahoma N E – Texas H E – Neu-Mexiko N A
5 Massachusetts A N – Pennsylvania M S – New York I N
6 Ohio S H – Maryland N R – Virginia N H
7 Kentucky T O – Tennessee G O – Wisconsin O B
8 Indiana T W – Illinois R E – Iowa O A
9 Arkansas A E – Arizona U S – Alabama O E
10 Florida N R – Georgia T R – Louisiana S T

b) Wie heißt die größte Stadt in

1 Kalifornien
2 Florida
3 Georgia
4 Illinois
5 Michigan
6 Pennsylvania
7 Massachusetts

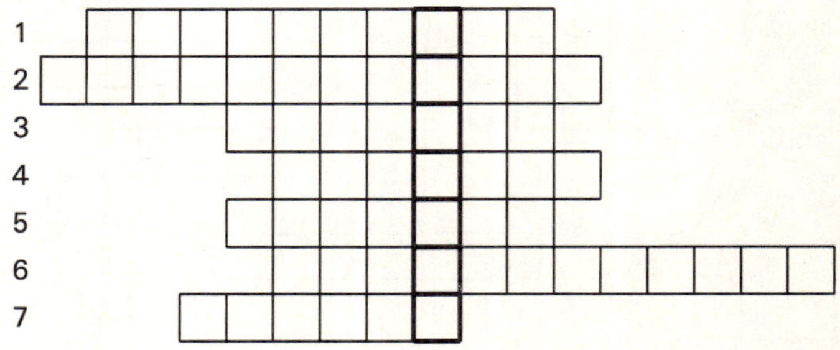

Bei richtiger Lösung ergibt sich der Name eines weiteren Präsidenten.

c) Welche Bundesstaaten der USA sind nach Flüssen oder Seen benannt?

____

____

d) Wie heißen die beiden Bundesstaaten, die auf der Karte fehlen? ____________________

11 Kleines Kreuzworträtsel

waagerecht →

3 Stadt in Pennsylvania
6 Stadt in Massachusetts
7 Stadt in Washington
12 Hafenstadt in Kalifornien
13 Stadt in Maryland
15 Stadt am Zusammenfluß von Mississippi und Missouri
16 Hauptstadt der USA
17 Stadt in Louisiana
18 Stadt in Texas
19 Stadt in Florida
20 Stadt am Ohio in Pennsylvania

senkrecht ↓

1 Stadt in Michigan
2 Stadt in Illinois
4 Größte Stadt Kaliforniens
5 Stadt in Colorado
8 Stadt in Nevada
9 Stadt am Ohio
10 Raumfahrtzentrum der USA
11 Größte Stadt der USA
14 Stadt in Georgia

12 Zahlenrätsel

Für jede Zahl ist ein bestimmter Buchstabe einzusetzen.

Stadt am Pazifik	21	2	11	3	6	2	11	18	22	21	18	14
Automobilzentrum der USA	9	8	5	6	14	22	5					
Stadt in Arizona	4	19	14	8	11	22	17					
Hauptstadt in Mittelamerika	1	8	17	22	10	14						
Stadt im Osten der USA	7	2	21	19	22	11	13	5	14	11		
Stadt am Ontariosee	5	14	20	8	9	14						
Stadt in Indiana	22	11	9	22	2	11	2	4	14	20	22	21
Stadt im Nordwesten der USA	21	8	2	5	5	20	8					
Stadt in Texas	19	14	15	21	5	14	11					
Stadt am Missouri	10	2	11	21	2	21	18	22	5	23		
Stadt in Kanada	1	14	11	21	6	8	2	20				
Stadt in Kalifornien	20	14	21	2	11	13	8	20	8	21		
Stadt in Massachusetts	12	14	21	5	14	11						
Stadt in Neu-Mexiko	2	20	12	15	16	15	8	6	16	15	8	
Stadt an den Großen Seen	8	6	22	8								

Das Lösungswort in den stark umrandeten Kästchen ergibt ein Wahrzeichen New Yorks.

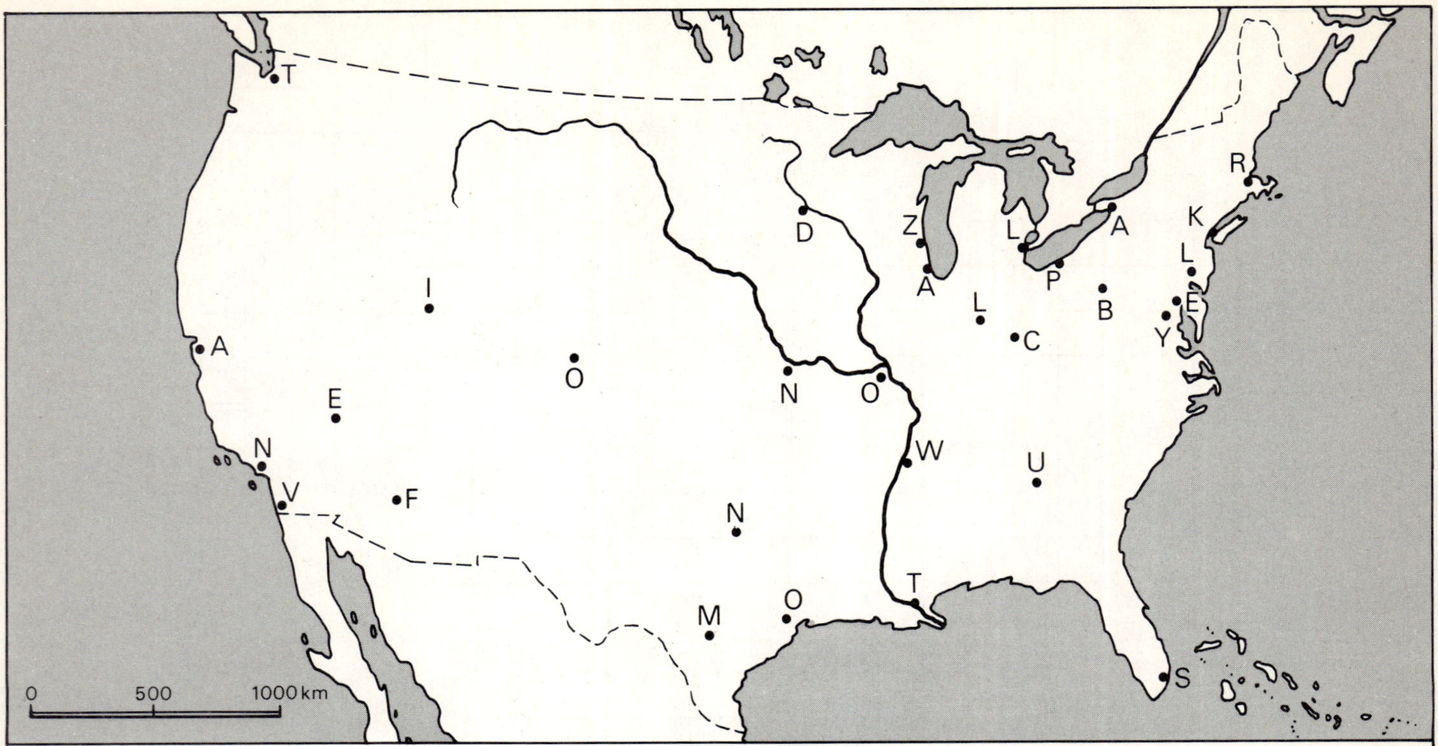

13 Wir reisen durch die USA. Stationen unserer Reise sind von Washington ausgehend in der angegebenen Reihenfolge.

a) Trage unsere Fahrtstrecke in die Karte ein. Schreibe die Buchstaben, die bei den Städten stehen, in die Kästchen. Du erhältst den Namen einer Sehenswürdigkeit auf unserer Fahrt.

Washington	☐	Los Angeles	☐
Baltimore	☐	San Francisco	☐
Philadelphia	☐	Seattle	☐
Indianapolis	☐	Salt Lake City	☐
Saint Louis	☐	Denver	☐
Memphis	☐	Kansas City	☐
Miami	☐	Chicago	☐
New Orleans	☐	Detroit	☐
Houston	☐	Cleveland	☐
Dallas	☐	Buffalo	☐
Las Vegas	☐	Boston	☐
		New York	☐

b) Welche der großen Städte auf der Karte bekommen wir auf unserer Fahrt nicht zu sehen?

____

____

14 **Kreuzworträtsel USA**

waagerecht →

1 Fluß, der in den Golf von Kalifornien mündet
5 Bundesstaat im Nordwesten
7 Großstadt in Kentucky
9 Stadtteil von New York
11 Großstadt am Mississippi
14 Weltstadt in Kalifornien
16 Bundesstaat im Südwesten
17 Hauptstadt von Massachusetts
18 Nationalpark in den Rocky Mountains
19 Zentrum der amerikanischen Stahlindustrie
20 Zentrum der Automobilindustrie
22 Inselbogen vor Alaska
23 Stadt am Ohio
25 Großstadt in Texas
26 Hauptstadt der USA
28 Gebirge im Osten
30 Staat zwischen Mississippi und Missouri
32 Nebenfluß des Mississippi

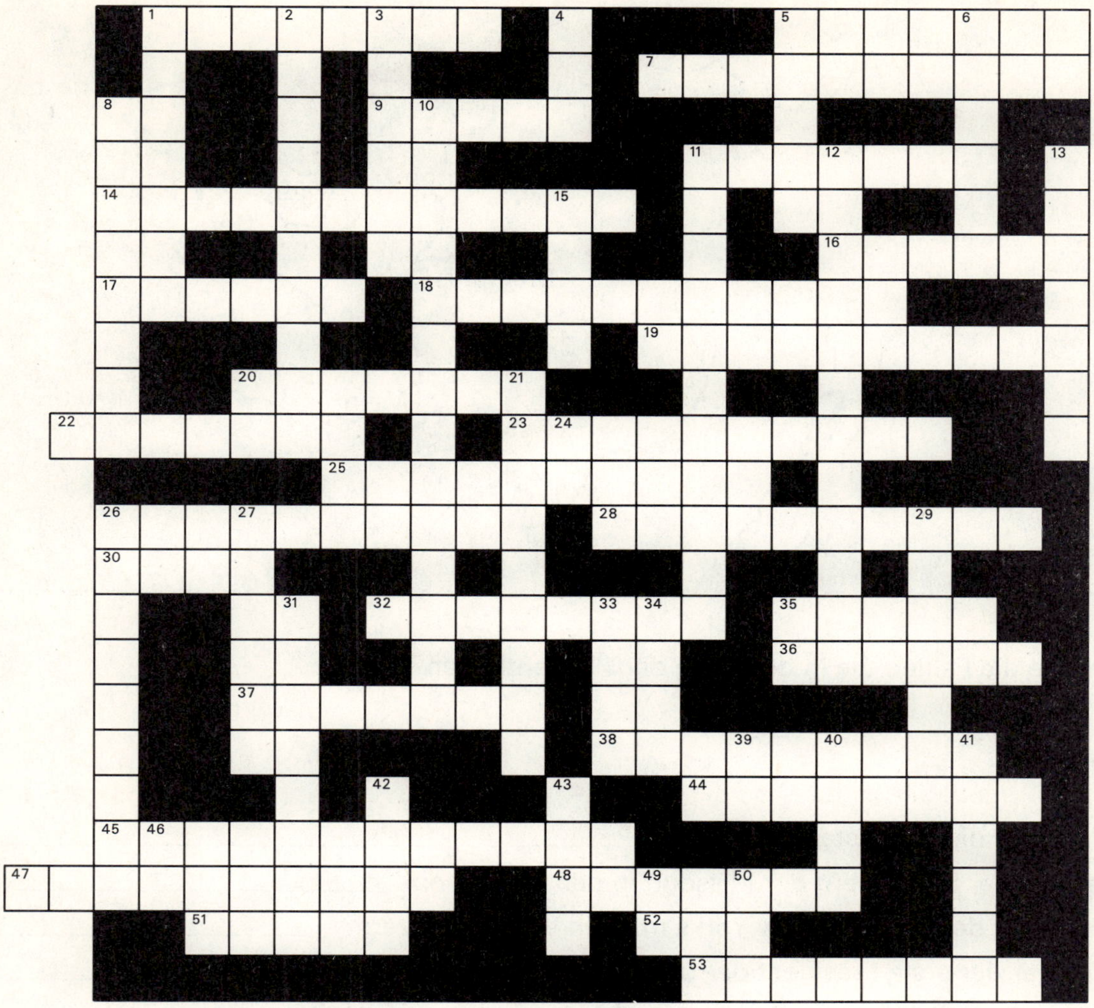

35 Indianerstamm in Dakota
36 Staat im Zentrum der USA
37 Einer der Großen Seen
38 Vorstadt von Los Angeles, Hauptsitz der Filmindustrie
44 Hafenstadt in Georgia
45 Hauptstadt von Indiana mit berühmten Automobilrennen
47 Industriezentrum am Ohio
48 Wirbelsturm, bedroht vor allem den Süden und Osten
51 Cowboyfest
52 Abkürzung für Illinois
53 Vergnügungszentrum der USA

senkrecht ↓

1 Verkehrszentrum der USA
2 See in Nordamerika
3 Hauptstadt des Bundesstaates New York
4 Abkürzung für Texas
5 Stadt in Florida
6 Flächengrößter Bundesstaat
8 Nationalsport der USA
10 Hochgebirge Nordamerikas
11 Strom in Nordamerika
12 Bundesstaat im Nordosten
13 Indianerstamm in Arizona
15 Abkürzung für Colorado
21 Staat und Fluß im Osten der USA
24 Abkürzung für Vermont
26 Staat im Norden
27 Negerviertel in New York
29 Raumfahrtzentrum der USA
31 Großstadt in Oregon
33 Staat in den Rocky Mountains
34 Stadt in Nevada
39 Abkürzung für Louisiana
40 Stadt in Texas
41 Name zweier Bundesstaaten beiderseits des Missouri
42 Abkürzung für das westliche Verteidigungsbündnis
43 Bezeichnung für die amerikanischen (und englischen) Städte
46 Abkürzung für North Carolina
49 Abkürzung für Rhode Island
50 Abkürzung für Alabama

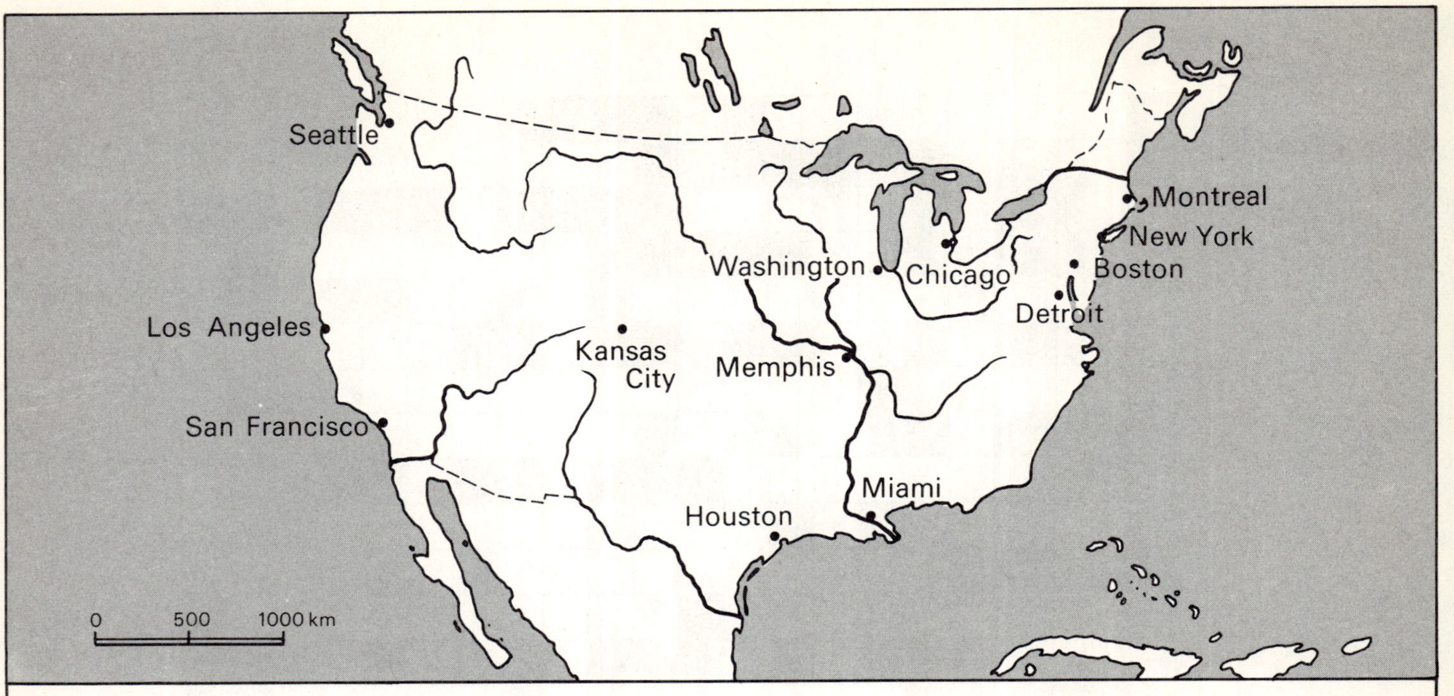

15 Verbessere die Fehler, die in der Karte der USA enthalten sind.

16 Quiz Nordamerika

a) Wie heißt die Hauptstadt der USA? ____________________
b) Bei welcher Stadt fließt der Missouri in den Mississippi? ____________________
c) Wie heißt der Stadtteil New Yorks mit den Wolkenkratzern? ____________________
d) Wer war der erste Präsident der USA? ____________________
e) Wie heißen die Wasserfälle zwischen Eriesee und Ontariosee? ____________________
f) Wie heißt der Bundesstaat der USA mit der größten Fläche? ____________________
g) Wie heißt die Fernstraße, die Alaska mit Feuerland verbindet? ____________________
h) Welche Stadt besitzt den größten Flughafen der Welt? ____________________
i) Was ist das Wahrzeichen New Yorks? ____________________
j) Welche Stadt ist das Vergnügungszentrum der USA? ____________________
k) Wie heißt die Hauptstadt von Kanada? ____________________
l) Wie heißt der höchste Berg Nordamerikas? ____________________
m) Welcher Strom verbindet die Großen Seen mit dem Atlantik? ____________________
n) Von wo aus werden die Weltraumraketen in den USA abgeschossen? ____________________
o) Welche Stadt ist das Raumfahrtzentrum der USA? ____________________
p) Welche Stadt besitzt den größten Hafen Amerikas? ____________________
q) Welches Volk lebt im Norden Kanadas? ____________________
r) Wie nennt man die Wildpferde in den USA? ____________________
s) Wie heißt das Negerviertel von New York? ____________________
t) Wer war der erste Mensch auf dem Mond? ____________________
u) 1959 wurde eine Inselgruppe 50. Bundesstaat der USA. Er heißt? ____________________
v) Wie nennt man die verheerenden Schneestürme Nordamerikas? ____________________
w) Welche Wirbelstürme bedrohen die USA? ____________________

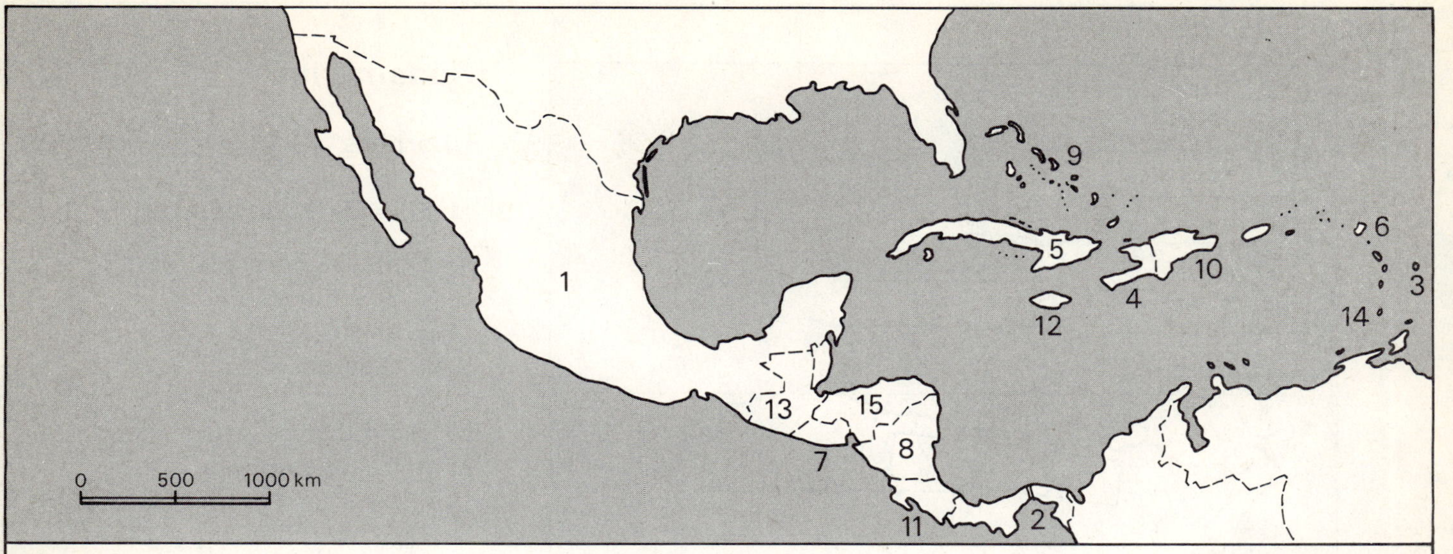

Die Staaten Mittelamerikas

17 Stelle fest, welche Staaten den Zahlen in der Karte entsprechen. Trage ihre Namen in das Kästchenrätsel ein. Das Lösungswort nennt ein Meer.

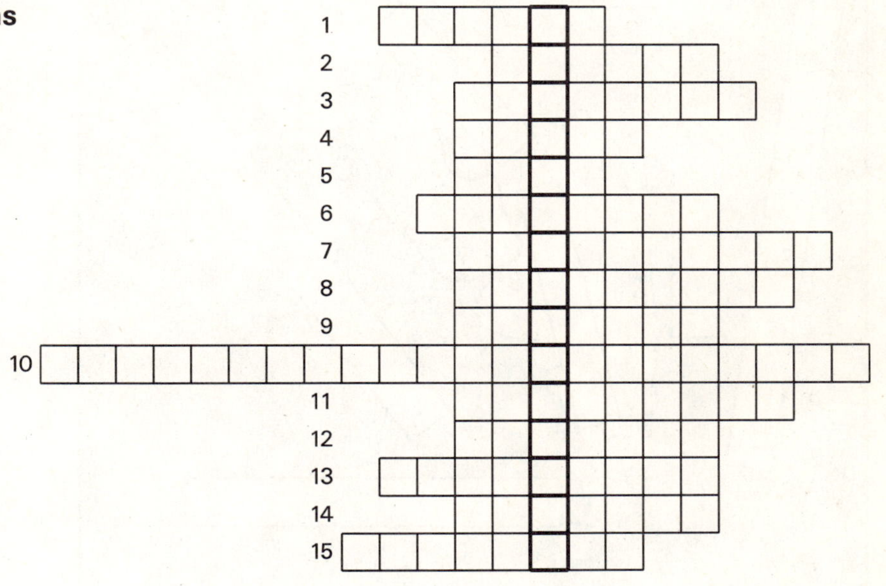

Quiz Mittelamerika

18 a) Wie heißt die Hauptstadt von Kuba? ______

b) Wie heißt ein berühmtes Seebad in Mexiko? ______

c) Wie heißen die Angehörigen von zwei indianischen Kulturvölkern Mittelamerikas?

______

d) Wie heißt die größte Antilleninsel? ______

e) Welcher Kanal macht die Umschiffung Südamerikas überflüssig? ______

f) Wie heißen zwei große Halbinseln in Mittelamerika? ______

g) Welche Antilleninsel gehört zu den USA? ______

h) Welche Sprache wird in den meisten Staaten Mittelamerikas gesprochen? ______

i) Wie heißen die Bergketten, die das Hochland von Mexiko einschließen? ______

______

j) Welchen Bodenschatz findet man am Golf von Mexiko? ______

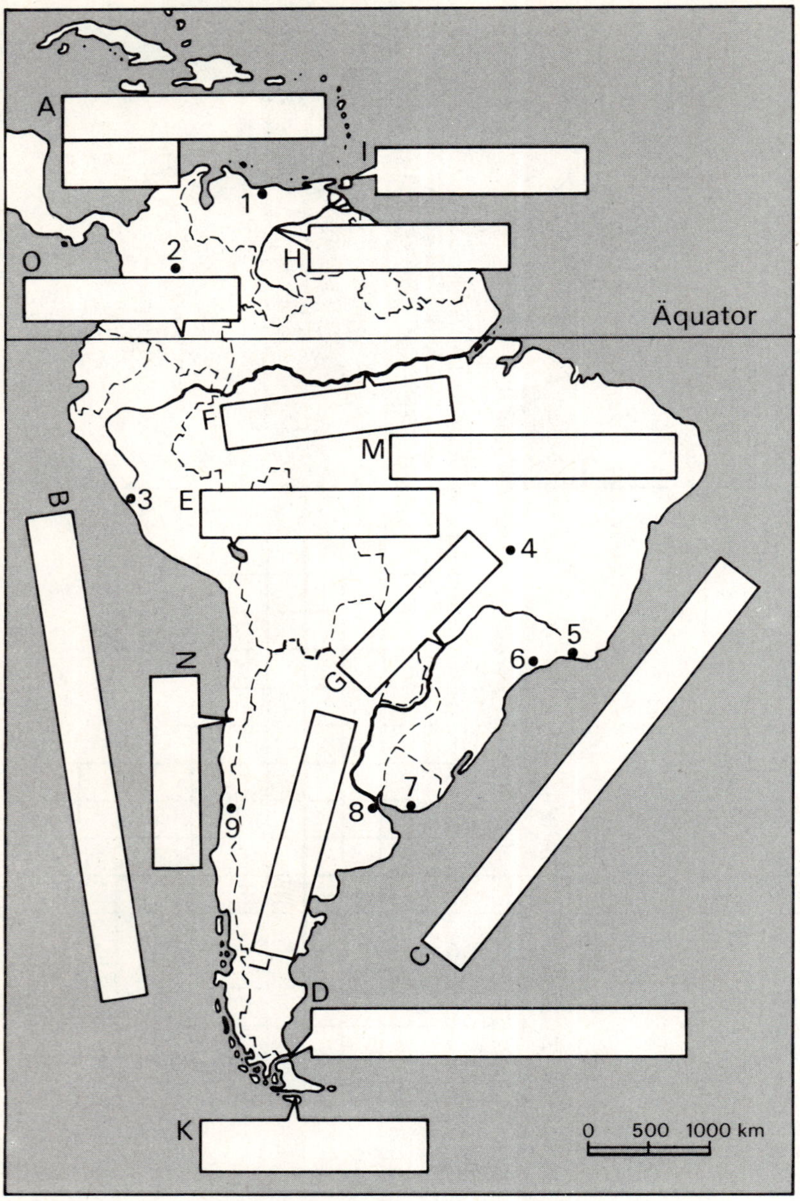

Südamerika

Überblick

19 a) Fülle die Kästchen aus.

A–D Meere, Meeresstraße
E–H See, Flüsse
I–K Inseln
L–O Staaten

b) Schreibe die Namen der eingetragenen Städte auf.

1 ______
2 ______
3 ______
4 ______
5 ______
6 ______
7 ______
8 ______
9 ______

20 Das Lösungswort dieses Rätsels nennt eine Inselgruppe vor Ecuador

1 Landschaft im Süden Südamerikas
2 Längster Fluß Südamerikas
3 Insel an der Südspitze Südamerikas
4 Höchster Berg Südamerikas
5 Anbau- und Viehzuchtgebiet in Argentinien
6 Wüste an der Pazifikküste
7 Rechter Nebenfluß des Paraná
8 Fluß in Venezuela
9 Fluß durch das Brasilianische Bergland
10 Insel vor der Nordküste Südamerikas
11 Hochgebirge Südamerikas
12 Größter See Südamerikas
13 Längster Nebenfluß des Amazonas
14 Fluß in das Karibische Meer
15 Fluß in den Rio de la Plata

Landschaften und Gebirge

21 Trage an der richtigen Stelle ein:

Amazonas-Tiefland (Selvas)
Brasilianisches Bergland
Pampa
Atacama
Feuerland
Llanos
Anden
Patagonien
Gran Chaco
Bergland von Guayana

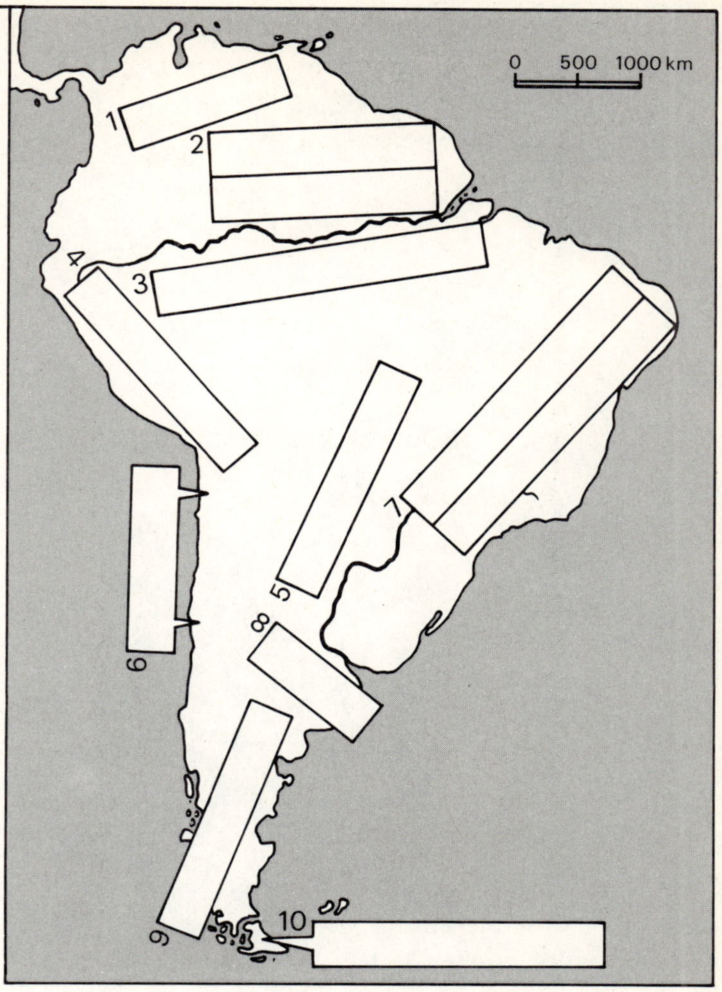

Flüsse

22 Schreibe die Namen der Flüsse aus der Karte in das Rätsel.
Das Lösungswort nennt einen flachen Meeresteil bei Pôrto Allegre.

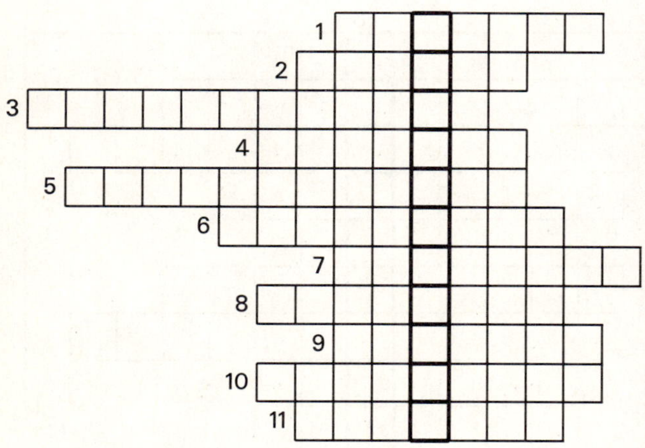

Karte zu Übung 23

Karte zu Übung 24

Die Staaten Südamerikas

23 In der linken Karte sind die Staaten Südamerikas mit ihren internationalen Autokennzeichen eingetragen. Fülle die Tabelle aus. Bei den Hauptstädten ergibt das Lösungswort den Namen der großen Fernstraße, die durch ganz Südamerika führt.

Auto-kenn-zeichen	Staat	Hauptstadt
BOL		
RA		
U		
RCH		
PE		
GUY		
BR		
EC		
YV		
TT		
PY		
CO		
SME		

24 Rundreise durch Südamerika

Wir unternehmen eine Reise durch Länder Südamerikas (Karte S. 14, rechts):
von Venezuela nach Peru, Chile, Argentinien, Brasilien, Uruguay, Paraguay, Bolivien, Ecuador, Kolumbien, Guyana und Trinidad.
Verbinde die einzelnen Stationen (Hauptstädte) der Reise miteinander durch gerade Linien. Wenn du die Buchstaben, die bei den Hauptstädten der Länder stehen, in dieser Reihenfolge aufschreibst, ergibt sich der Name einer ehemaligen Hauptstadt.

____

25 Die Staaten Südamerikas im Umriß

Du siehst hier die südamerikanischen Staaten in verschiedenen Maßstäben.

a) Trage in die Umrisse die Namen der Staaten ein.

b) Trage in blauer Farbe die Küsten ein.

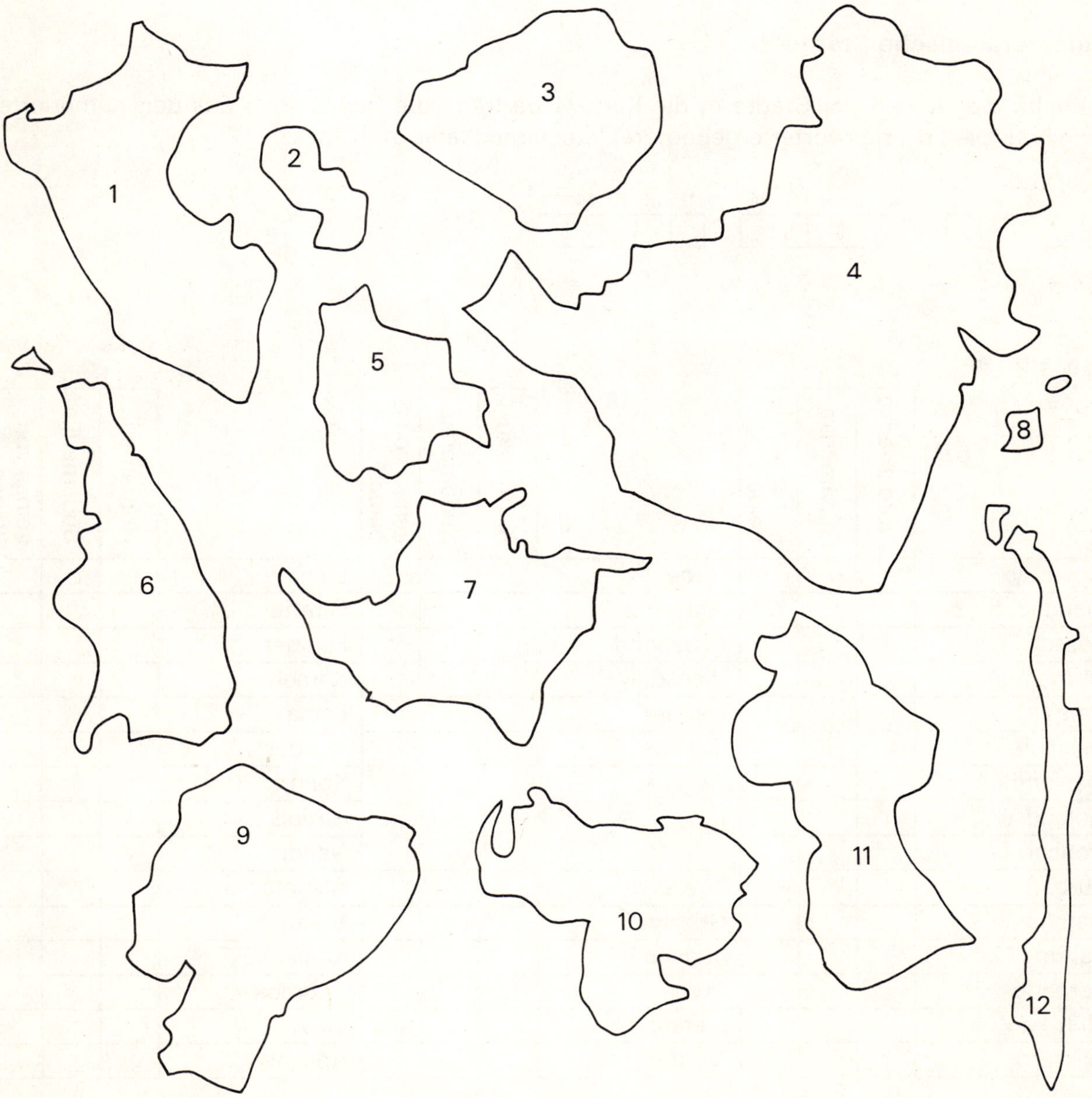

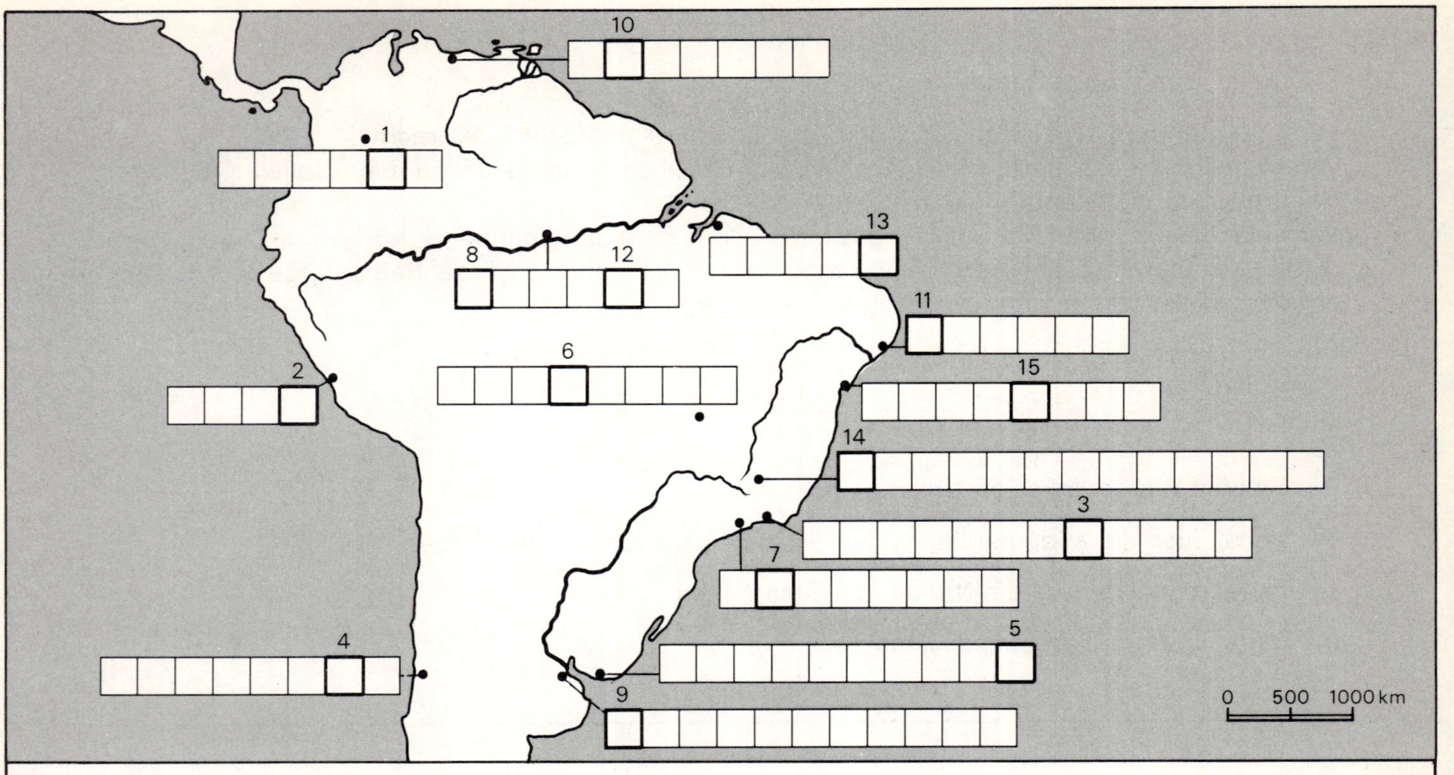

Südamerikanische Städte

26 Schreibe die Namen der Städte in die Karte. Übertrage die Buchstaben aus den numerierten Kästchen. Die Lösungswörter ergeben drei lateinamerikanische Tänze.

1	2	3	4	5

6	7	8	9	10

11	12	13	14	15

27 a) Kreuze an:

	Nordamerika	Südamerika	keines von beiden		Nordamerika	Südamerika	keines von beiden		Nordamerika	Südamerika	keines von beiden
Cowboy				Rubel				Elch			
Gaucho				Atacama				Giraffe			
Lasso				Feuerland				Faultier			
Bumerang				Piccadilly				Kamel			
Farm				Harlem				Lama			
Estancia				Favelas				Kondor			
Hacienda								Kolibri			
Kolchose				b)				Strauß			
Poncho								Nandu			
Turban				Löwe				Alligator			
Samba				Grizzly				Kobra			
Taifun				Jaguar				Kautschuk			
Tornado				Puma				Eskimos			
Hurrikan				Elefant				Inka			
Blizzard				Mustang				Apachen			

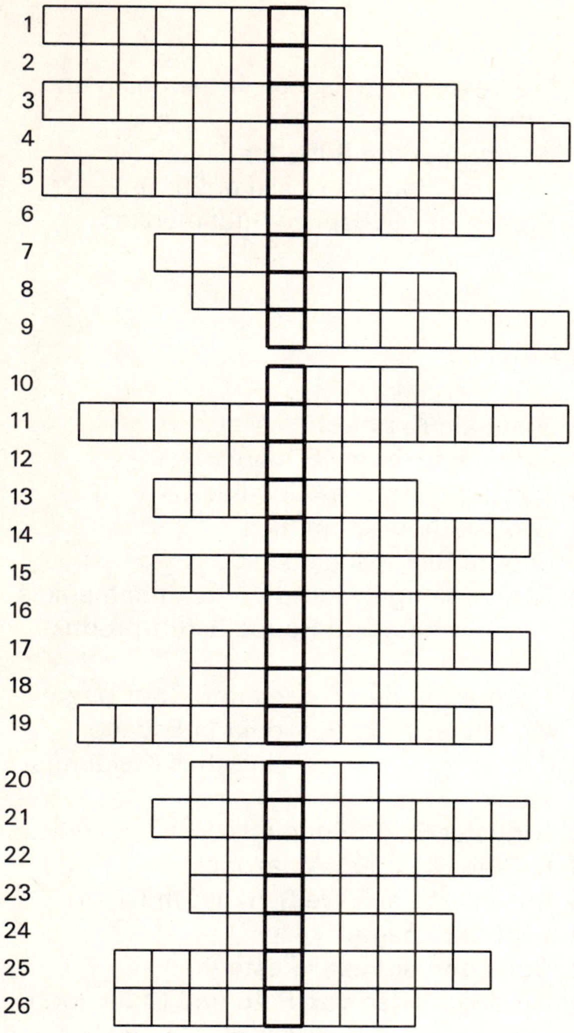

28 Schreibe die Namen der Städte aus der Karte in das Rätsel.

Es ergeben sich als Lösungswörter:
1–9 : Bucht bei Rio de Janeiro
10–19: Vorort von Rio (weltbekannter Badeort)
20–26: Noch ein Vorort von Rio (bekannter Badeort)

29 In dem Buchstabengewirr verbergen sich waagerecht und senkrecht (aber nicht diagonal) – vorwärts und rückwärts 35 Namen aus Südamerika:

```
I L A C A Y E N N E S A M O S N
T I T U C U M A N H E O A G T E
A M A Z O N A S U C R C D O A I
R A C C A R A C A S I A E I N N
I S A O P A U L O B A H I A A O
C A M P O S A N T O S C R N R G
A N A Y A U G E S G O N A A A A
M O N T E V I D E O N A N U P T
A T A L P A L N I T E R O I M A
P I U R U G U A Y A U G A R A P
A U S A I L I S A R B U R E P A
I Q U I T O S S O R G O T A M Z
```

30 Kreuzworträtsel Südamerika

waagerecht →

2 Wichtigster Bodenschatz Venezuelas
6 Fluß in das Karibische Meer
11 Hauptstadt Kolumbiens
12 Bergland im Nordosten Südamerikas
13 Führer im südamerikanischen Befreiungskampf gegen Spanien 1811–1826
14 Beutelratte
16 Geierartiger Raubvogel
17 Riesenschlange des Urwaldes
21 Hochgebirge in Südamerika
22 Krokodile
23 Spanischer Eroberer
25 Buschmesser
26 Metall, das für Peru und Chile ein wichtiges Exportgut darstellt
31 Vogel mit großem, buntem Schnabel; Pfefferfresser
32 Straße zur Erschließung des brasilianischen Urwaldes
34 Angehöriger einer ehemaligen indianischen Adelsschicht in Peru
36 Hauptstadt Ecuadors
38 Landwirtschaftliche Großbetriebe, besonders in tropischen Gebieten
40 Haustier im Hochgebirge
44 Hochland im Inneren Brasiliens
45 Südamerikanische Hauptstadt an der Pazifikküste
46 Hauptstadt Brasiliens
47 Volksfest in Brasilien
48 Nord-Süd-Straße Amerikas von Alaska nach Chile, Argentinien und Brasilien
49 Ureinwohner Südamerikas
50 Milchsaft eines Baumes, dient als Rohstoff für die Gummiherstellung
51 Binnenstaat in Südamerika
52 Wirtschaftliches Zentrum Brasiliens, größte Stadt des Landes
53 Anbau- und Viehzuchtgebiet in Argentinien und Uruguay
54 Hauptstadt Uruguays
55 Hafenstadt im Nordosten Brasiliens
56 Berühmtester Fußballspieler Südamerikas (dreimal Weltmeister mit Brasilien)
59 Vegetationszone in Südamerika
60 Hauptstadt Argentiniens
61 Währung in Argentinien, Uruguay, Bolivien und Kolumbien
62 Südamerikanischer Straußenvogel
65 Staat an der Pazifikküste
66 Südamerikanisches Huftier
67 Hauptanbauprodukt Argentiniens
68 Meeresbucht zwischen Argentinien und Uruguay
69 Inselgruppe im Südatlantik (anderer Name für Falklandinseln)
70 Kap an der Südspitze Südamerikas

senkrecht ↓

1 Staat am Karibischen Meer
3 Strom im Norden Südamerikas
4 Kletterpflanze des Urwaldes
5 Großstadt in Kolumbien
7 Größte Riesenschlange
8 Kleine, fluggewandte Vögel Südamerikas
9 Bodenschatz und Hauptausfuhrprodukt Guayanas
10 Baumart in den Tropen und Subtropen
11 Wichtiges Anbauprodukt in Ecuador
15 Typisches südamerikanisches Kleidungsstück
18 Längster Fluß Südamerikas
19 Größte Stadt am Amazonas
20 Mischlinge aus Weißen und Indianern
22 Großer Papagei
23 Staat an der Pazifikküste
24 An den Küsten von Peru und Chile abgelagerter Vogelmist, der als Dünger verwendet wird
27 Südamerikanische Raubkatze
28 Bundesstaat in Nordbrasilien
29 Ostbrasilianischer Bundesstaat mit reichen Bodenschätzen
30 Tropische Küstenwälder mit Stelz- und Luftwurzeln
33 Sprunggewandte Raubkatze
35 Küstenwüste am Pazifik
37 Stachelige Pflanzen der Trockengebiete
38 Zweitlängster Strom Südamerikas
39 Tropischer Wind
41 Trockenwaldgebiet im Inneren Südamerikas
42 Frühere Hauptstadt Brasiliens
43 Bundesstaat im Nordosten Brasiliens (Hauptstadt Salvador)
45 Hauptstadt Boliviens
50 Wichtiges Erzeugnis aus Südamerika
51 Landschaft im Süden Südamerikas
57 Viehhirt in Argentinien
58 Insel an der Südspitze Südamerikas
63 Insel vor der südlichen Pazifikküste
64 Südamerikanischer Tee
66 Tanz aus Argentinien

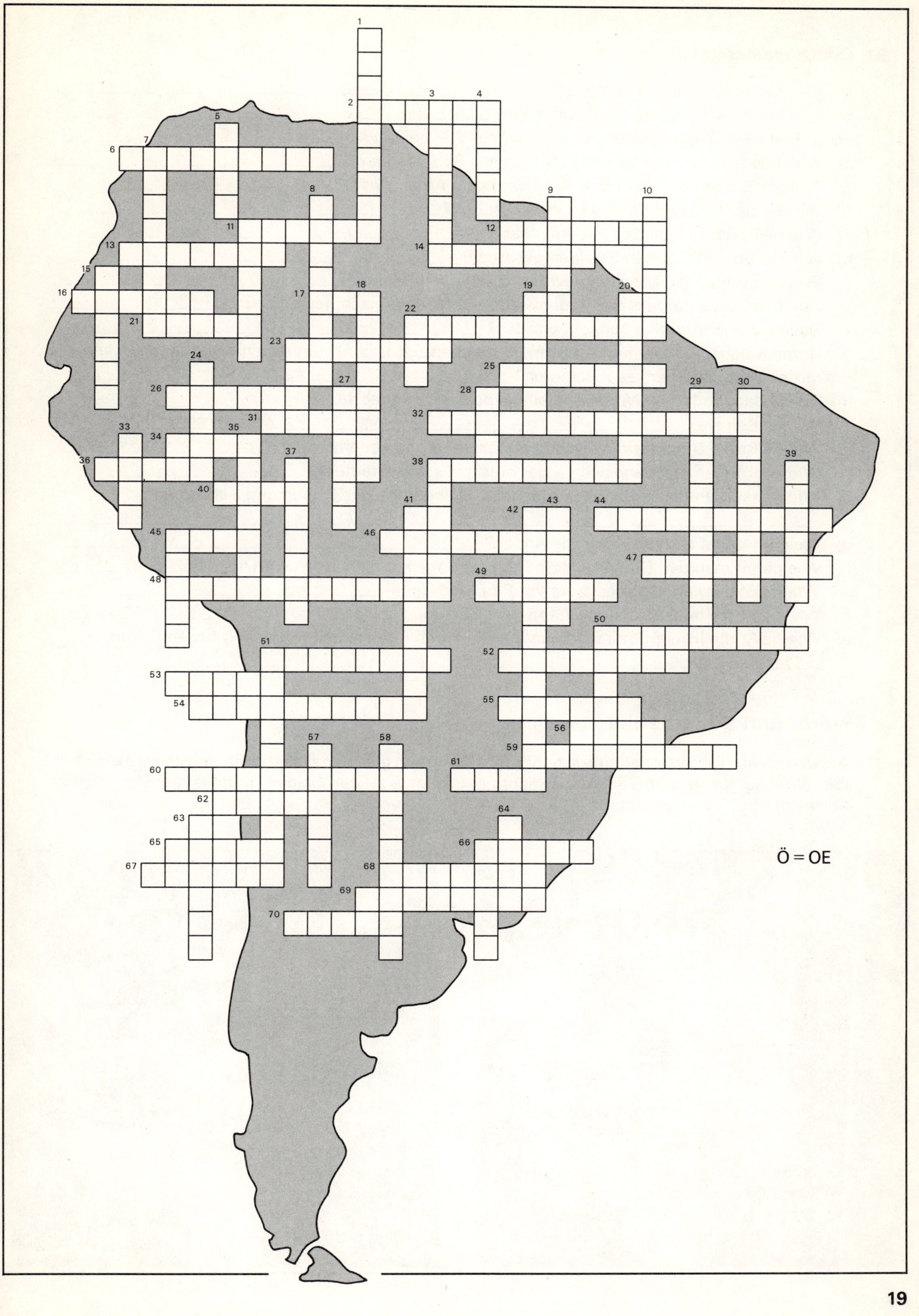
Ö = OE

31 Quiz Südamerika

a) Wer hat 1492 Amerika entdeckt? ______
b) Wie heißt die Südspitze Südamerikas? ______
c) In Südamerika gibt es zwei Binnenstaaten. Wie heißen sie? ______
d) Welches Grundnahrungsmittel stammt aus Südamerika? ______
e) Welche Straße erschließt den Regenwald am Amazonas? ______
f) Was ist das Haustier der Indios in den Anden? ______
g) Wie heißt der größte See Südamerikas? ______
h) Welche Sprache wird in Brasilien gesprochen? ______
i) Wie nennt man die Mischlinge von Weißen und Indianern? ______
j) Durch welches Produkt des Regenwaldes ist Manaus reich geworden? ______
k) Nach wem ist Amerika benannt worden? ______
l) Unter welcher Bezeichnung faßt man die spanisch und portugiesisch sprechenden Länder Mittel- und Südamerikas zusammen? ______
m) Rio de Janeiro hat als Vororte zwei weltbekannte Badeorte. Wie heißen sie? ______
n) Wie heißt die Durchfahrt zwischen Südamerika und Feuerland? ______
o) Wie nennt man die Elendsviertel der brasilianischen Städte? ______
p) Wie nennt man die landwirtschaftlichen Großbetriebe der Tropen und Subtropen? ______
q) Welcher Vogel ist typisch für die Anden? ______
r) Wie nennt man den Dünger, der in Peru als Vogelkot gewonnen wird? ______
s) Wie heißt der kalte Meeresstrom vor Peru und Chile? ______
t) Wie heißt die höchstgelegene Großstadt Südamerikas (3690 m)? ______
u) Wie heißt die Inselgruppe vor Ecuador, die durch ihre einmalige Tierwelt bekannt wurde? ______

Nord- und Südamerika: Verschiedene Aufgaben und Rätsel

32 Auf den beiden Karten unten sind Amerika und Europa im gleichen Maßstab übereinander gezeichnet. Welche Karte zeigt auch die richtige Breitenlage der beiden Erdteile im Vergleich?
Karte links ☐ Karte rechts ☐

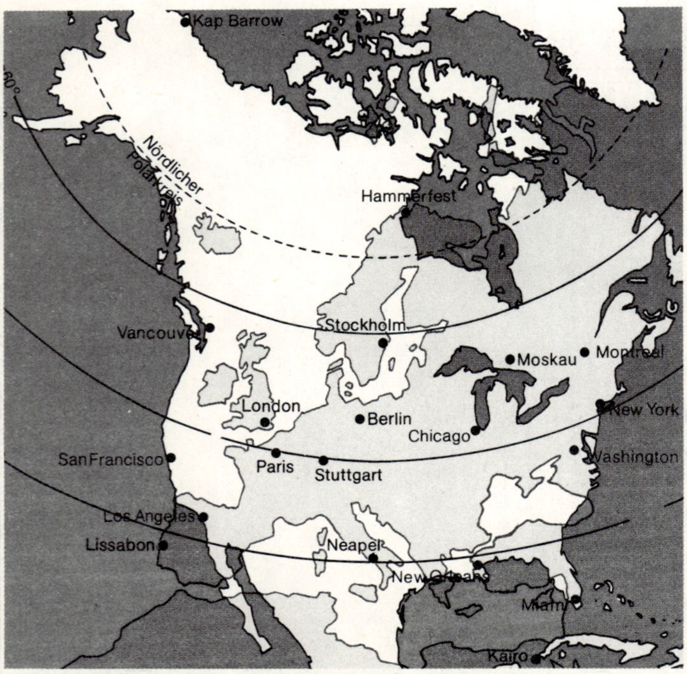

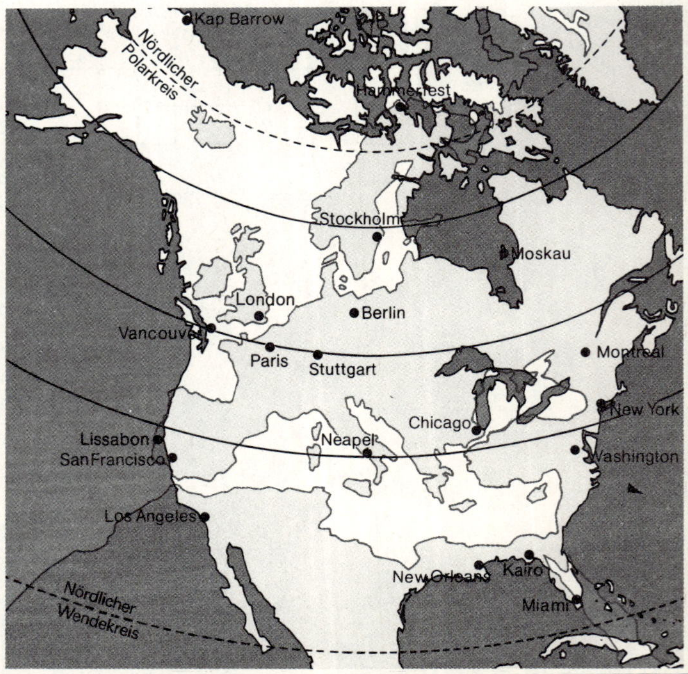

33 1. Vancouver – ______________________

2. Ottawa – ______________________

3. Chicago – ______________________

4. New York – ______________________

5. San Francisco – ______________________

6. Los Angeles – ______________________

7. New Orleans – ______________________

8. Mexiko City – ______________________

Hier stehen die Namen acht amerikanischer Städte, in der richtigen Anordnung von Nord nach Süd. Wähle aus den folgenden Städten zu jeder amerikanischen Stadt eine aus, die auf gleicher Breite liegt:

Athen – Bankok – Beirut – Berlin – Bombay – Kairo – Kalkutta – Kopenhagen – London – Mailand – Moskau – München – Neapel – Paris – Rom – Stockholm.

34 Ordne die folgenden Städte von Nord nach Süd an. Numeriere sie dazu durch:

___ Buenos Aires, ___ Caracas, ___ Chicago, ___ Lima, ___ Manaus, ___ Miami, ___ New Orleans, ___ New York, ___ Rio de Janeiro, ___ Santiago.

35 Zusammensetzspiel

LACHEN	ANTI	FUND	TIMOR
RIESE	MAI	KALI	CHIC
GANS	MAIN	HING	ANTON
LORA	ANGEL	LADE	MONT

Bilde aus den obenstehenden Wörtern Namen aus Nordamerika. Verwende dabei folgende Wortteile, die du voransetzen oder anhängen mußt:

AGO – APPA – BAL – BAHA – CO – E – E – EE – E – ED – ES – DO – JA – KA – LAND – LPHIA – LOS – LLEN – MICHI – NEU – ON – ORNIEN – IO – PHI – SAN – SELN – TON – WAS

36 Silbenrätsel Amerika

a – a – ai – bi – bra – bu – ca – ca – chi – co – dor – e – ed – en – en – for – go – ja – ka – ka – ken – ken – ko – ky – la – las – li – lum – mac – mai – mon – mi – mi – new – ni – ni – no – nos – o – res – ri – ron – to – to – ton – tuc – york – zie

Die vierten Buchstaben ergeben ein Lösungswort.

1. Halbinsel in Kanada
2. Stadt in Alberta (Kanada)
3. Stadt am Michigansee
4. Fluß im Norden Kanadas
5. Sitz der Vereinten Nationen
6. Stadt in Florida
7. Stadt am Ontariosee
8. Staat in Südamerika
9. Hauptstadt von Argentinien
10. Bundesstaat im Osten der USA
11. Antilleninsel
12. Bundesstaat der USA am Pazifik
13. Fluß in Südamerika
14. Halbinsel in Nordamerika

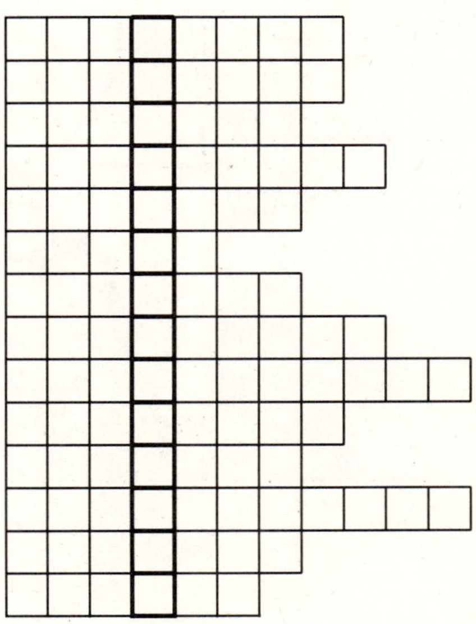

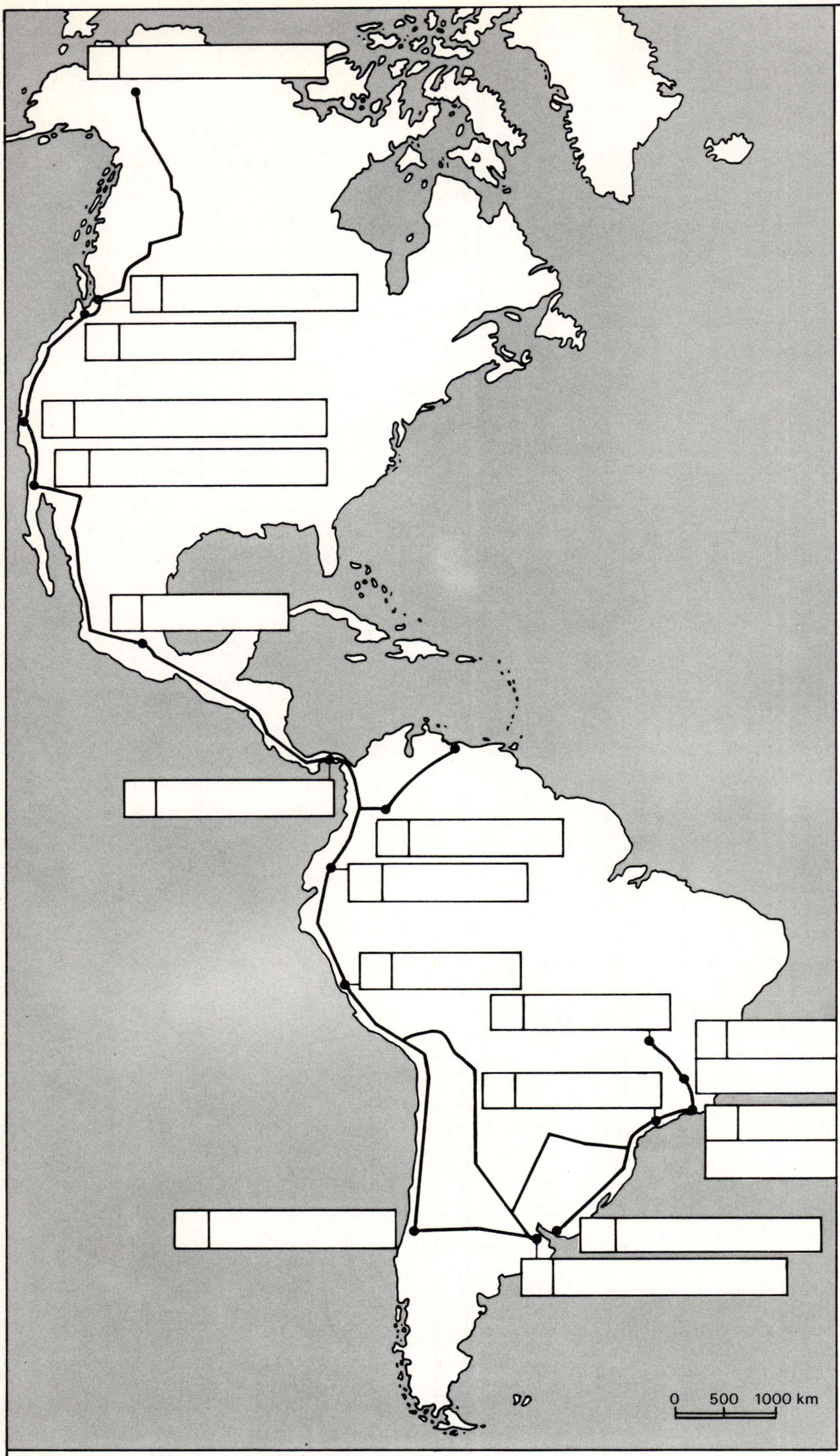

37 Wir fahren auf der längsten Straße der Welt, dem Panamerican Highway (oder auch Carretera Panamericana genannt, 34620 km lang, zum Teil aber noch im Bau) von Alaska nach Südamerika.
In welcher Reihenfolge erreichen wir die folgenden Städte? Numeriere sie in der Karte und schreibe die Namen auf:
Belo Horizonte
Bogota
Brasilia
Buenos Aires
Fairbanks
Lima
Los Angeles
Mexiko
Montevideo
Panama
Quito
Rio de Janeiro
San Francisco
Santiago
São Paulo
Seattle
Vancouver

38 Im Flugzeug durch Amerika

Wir verfolgen den Flug von fünf Maschinen:

A PANAM von San Francisco nach Washington

B Trans World Airlines von Los Angeles nach Bogotá

C LAN-Chile Fluglinien von Caracas nach Santiago

D Brazilian Airlines von Lima nach Rio de Janeiro

E Aerolineas Argentinas von New York nach Buenos Aires

a) Verbinde die Start- und Zielflughäfen der fünf Maschinen.

b) Bestimme die Länge der Flugstrecken. Runde auf Hunderter auf oder ab.

c) Miß im Atlas die Entfernung Hamburg – München und vergleiche!

_______________ km

39 Unten siehst du 12 vergrößerte Ausschnitte aus der Amerikakarte. Schreibe zu den Buchstaben die Zahl des dazugehörenden Ausschnittes.

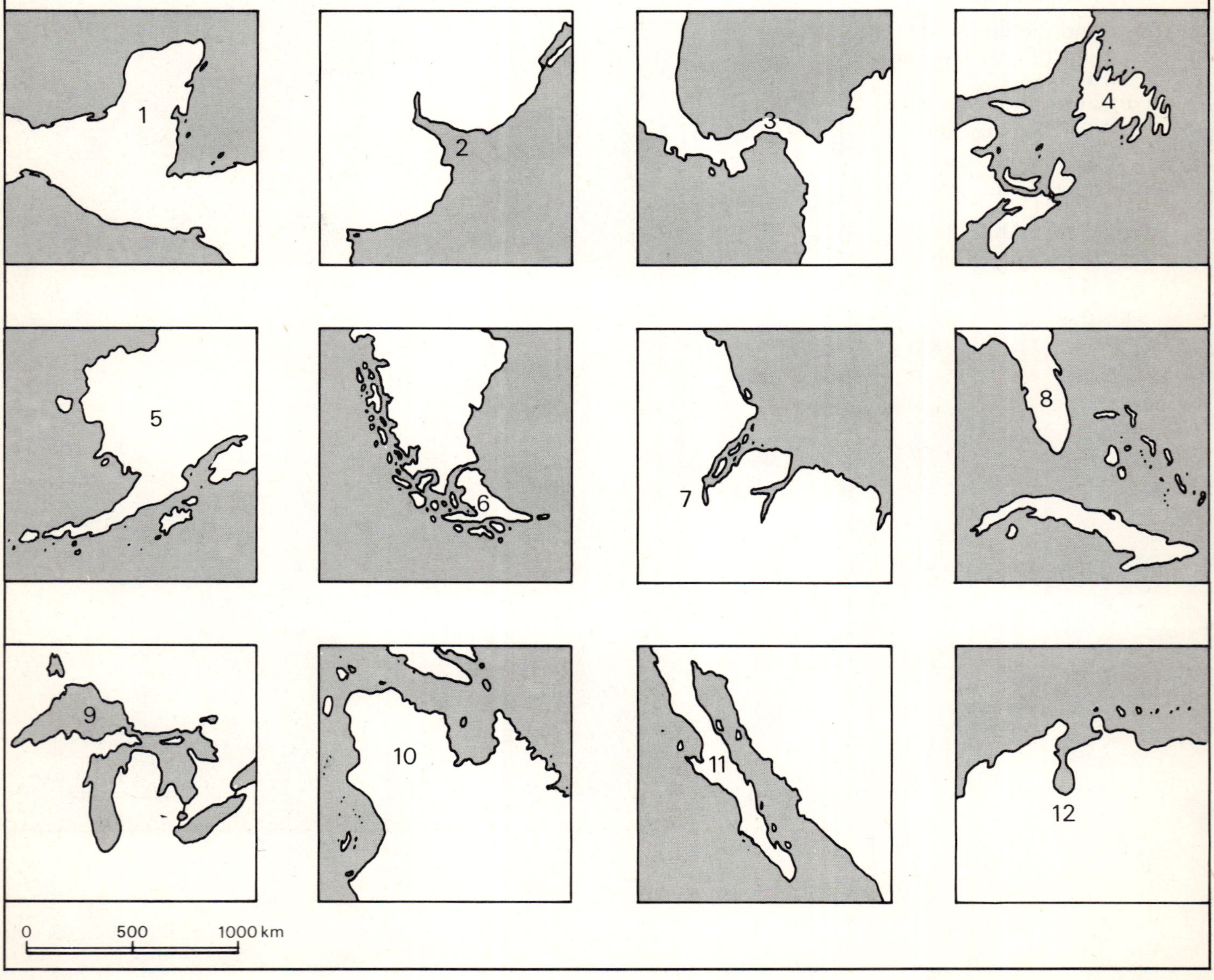